同济大学本科教材出版基金资助

岩土与地下工程监测实验指导书

夏才初　陈忠清　编著

U0348534

同济大学 出版社

TONGJI UNIVERSITY PRESS

图书在版编目(CIP)数据

岩土与地下工程监测实验指导书 / 夏才初,陈忠清
编著. —上海:同济大学出版社,2019.10
ISBN 978-7-5608-8752-4

Ⅰ.①岩… Ⅱ.①夏…②陈… Ⅲ.①岩土工程-监
测-高等学校-教学参考资料②地下工程测量-高等学校
-教学参考资料 Ⅳ.①TU413②TU198

中国版本图书馆 CIP 数据核字(2019)第 205295 号

岩土与地下工程监测实验指导书
夏才初 陈忠清 编著

责任编辑 李 杰 胡晗欣	**责任校对** 徐春莲	**封面设计** 陈益平

出版发行 同济大学出版社 www.tongjipress.com.cn
(地址:上海市四平路 1239 号 邮编:200092 电话:021-65985622)
经 销 全国各地新华书店、建筑书店、网络书店
排 版 南京月叶图文制作有限公司
印 刷 大丰科星印刷有限责任公司
开 本 710mm×960mm 1/16
印 张 7
字 数 140 000
版 次 2019 年 10 月第 1 版 2019 年 10 月第 1 次印刷
书 号 ISBN 978-7-5608-8752-4

定 价 28.00 元

目　　录

第1章　传感器标定实验 ……………………………………… 1

　1.1　概述 …………………………………………………… 1

　1.2　实验仪器设备及原理 ………………………………… 1

　　1.2.1　振弦式传感器 …………………………………… 1

　　1.2.2　标定设备 ………………………………………… 3

　1.3　实验操作与记录 ……………………………………… 6

　　1.3.1　操作步骤 ………………………………………… 6

　　1.3.2　实验记录 ………………………………………… 8

　1.4　实验成果整理 ………………………………………… 8

　　1.4.1　振弦式土压力盒和孔压计标定实验成果整理 …… 8

　　1.4.2　振弦式测缝计标定实验成果整理 ………………… 9

　1.5　实验注意事项 ………………………………………… 11

第2章　无线自动测试系统实验 …………………………… 14

　2.1　概述 …………………………………………………… 14

　2.2　实验仪器设备及原理 ………………………………… 14

　　2.2.1　仪器设备 ………………………………………… 14

　　2.2.2　实验原理 ………………………………………… 17

　2.3　实验准备工作 ………………………………………… 18

　　2.3.1　系统软件的安装及使用 ………………………… 18

　　2.3.2　无线静态应变仪使用前的准备工作 …………… 19

　2.4　实验操作与记录 ……………………………………… 20

　　2.4.1　操作步骤 ………………………………………… 20

2.4.2 实验记录 …………………………………………………… 24

2.5 实验成果整理 ……………………………………………………… 24

2.6 实验注意事项 ……………………………………………………… 24

第 3 章　地下结构与岩土体深层水平位移监测实验 ……………… 27

3.1 概述 ………………………………………………………………… 27

3.2 实验仪器设备及原理 ……………………………………………… 27

3.2.1 仪器设备 ………………………………………………… 27

3.2.2 实验原理 ………………………………………………… 29

3.3 实验准备工作 ……………………………………………………… 31

3.4 实验操作与记录 …………………………………………………… 32

3.4.1 操作步骤 ………………………………………………… 32

3.4.2 实验记录 ………………………………………………… 32

3.5 实验成果整理 ……………………………………………………… 33

3.6 实验注意事项 ……………………………………………………… 35

第 4 章　深基坑施工和监测模型实验 ………………………………… 37

4.1 概述 ………………………………………………………………… 37

4.2 实验仪器设备及原理 ……………………………………………… 38

4.2.1 仪器设备 ………………………………………………… 38

4.2.2 实验原理 ………………………………………………… 38

4.3 实验准备工作 ……………………………………………………… 42

4.3.1 监测元件的安装 ………………………………………… 42

4.3.2 测点编号 ………………………………………………… 42

4.3.3 接线 ……………………………………………………… 44

4.4 实验操作与记录 …………………………………………………… 45

4.4.1 操作步骤 ………………………………………………… 45

4.4.2 实验记录 ………………………………………………… 49

4.5 实验成果整理 ……………………………………………………… 49

4.5.1 计算 ……………………………………………………… 49

4.5.2 结果分析 ………………………………………………… 51

4.6 实验注意事项 ……………………………………………………… 52

第 5 章　隧道洞周收敛监测实验 ···················· 55

　5.1　概述 ··· 55

　5.2　实验仪器设备及原理 ··········· 55

　　5.2.1　仪器设备和配件 ·········· 55

　　5.2.2　实验原理 ····················· 57

　5.3　实验准备工作 ······················ 58

　5.4　实验操作与记录 ·················· 59

　　5.4.1　操作步骤 ····················· 59

　　5.4.2　实验记录 ····················· 60

　5.5　实验成果整理 ······················ 60

　5.6　实验注意事项 ······················ 62

第 6 章　土体分层沉降监测实验 ···················· 64

　6.1　概述 ··· 64

　6.2　实验仪器设备及原理 ··········· 64

　　6.2.1　仪器设备 ····················· 64

　　6.2.2　实验原理 ····················· 66

　6.3　实验准备工作 ······················ 66

　6.4　实验操作与记录 ·················· 67

　　6.4.1　操作步骤 ····················· 67

　　6.4.2　实验记录 ····················· 68

　6.5　实验成果整理 ······················ 68

　6.6　实验注意事项 ······················ 70

第 7 章　隧道地质雷达探测实验 ···················· 72

　7.1　概述 ··· 72

　7.2　实验仪器设备及原理 ··········· 72

　　7.2.1　仪器设备 ····················· 72

　　7.2.2　实验原理 ····················· 74

　7.3　实验操作与记录 ·················· 75

　　7.3.1　操作步骤 ····················· 75

　　7.3.2　实验记录 ····················· 76

7.4 实验成果整理 ……………………………………………… 76
7.5 实验注意事项 ……………………………………………… 78

第8章　超声波测试实验 ……………………………………… 80
8.1 概述 ……………………………………………………… 80
8.2 实验仪器设备及原理 ……………………………………… 80
8.2.1　仪器设备 ………………………………………… 80
8.2.2　实验原理 ………………………………………… 82
8.3 实验操作与记录 …………………………………………… 84
8.3.1　操作步骤 ………………………………………… 84
8.3.2　实验记录 ………………………………………… 86
8.4 实验成果整理 ……………………………………………… 86
8.5 实验注意事项 ……………………………………………… 88

第9章　类岩石材料不均匀冻胀实验 ………………………… 90
9.1 概述 ……………………………………………………… 90
9.2 实验仪器设备及原理 ……………………………………… 90
9.2.1　仪器设备 ………………………………………… 90
9.2.2　实验原理 ………………………………………… 94
9.3 实验操作与记录 …………………………………………… 95
9.3.1　操作步骤 ………………………………………… 95
9.3.2　实验记录 ………………………………………… 97
9.4 实验成果整理 ……………………………………………… 98
9.5 裂隙岩体不均匀冻胀实例 ………………………………… 98
9.5.1　试件制作 ………………………………………… 98
9.5.2　试件安装 ………………………………………… 99
9.5.3　实验数据处理 …………………………………… 99

参考文献 ……………………………………………………… 104

第1章 传感器标定实验

1.1 概述

传感器标定主要用于建立传感器输入量和输出量之间的关系,明确传感器的输出特性,得到输出特性曲线或标定曲线。

本实验的目的是理解传感器标定的基本概念,熟悉传感器标定的基本方法和过程,掌握传感器标定结果的使用,以及了解振弦式土压力盒等传感器的原理与测试方法。

1.2 实验仪器设备及原理

1.2.1 振弦式传感器

1. 工作原理

通过外力作用下传感器钢弦内应力的变化,转变为钢弦振动频率的变化,再将频率信号经电缆输出,从而实现压力及位移的量测,如式(1-1)所示。

$$f = \frac{1}{2L}\sqrt{\frac{\sigma}{\rho}} \qquad (1-1)$$

式中　f——钢弦振动频率；

　　　L——钢弦长度；

　　　ρ——钢弦密度；

　　　σ——钢弦所受的张拉应力。

2. 常见传感器类型

（1）振弦式土压力盒（图 1-1a）。土压力盒的量程可根据实际工程需要选用，常见量程有 0.4 MPa，0.6 MPa，1.0 MPa 及 2.0 MPa，测量精度一般可达 0.1％F.S.，广泛应用于建筑、交通、水电、大坝、隧道等工程领域的现场土压力监测。

（2）振弦式孔压计（图 1-1b）。孔压计的量程可根据实际工程需要选用，常见量程有 0.4 MPa，0.6 MPa，1.0 MPa 及 1.6 MPa，测量精度一般可达 0.1％F.S.，广泛应用于建筑、交通、水电、大坝、隧道等工程领域的现场孔隙水压力监测。

（3）振弦式测缝计（图 1-1c）。测缝计的量程可根据实际工程需要选用，常见量程有 20 mm，50 mm 及 100 mm，测量精度一般可达 0.1％F.S.，广泛应用于建筑、交通、水电、大坝、隧道等工程领域的现场表面变形监测。

a. 振弦式土压力盒　　　　b. 振弦式孔压计　　　　c. 振弦式测缝计

图 1-1　传感器实物图

1.2.2 标定设备

1. 手摇式压力校验器

手摇式压力校验器用于振弦式土压力盒的标定,主要由 9 部分组成,如图 1-2a 所示。

a. 实物图

b. 原理示意图

1—摇手;2—活塞;3—油缸;4—压力盒固定器;5—压力表;

6—总油阀;7—压力盒油阀;8—压力表油阀;9—储油杯。

图 1-2 手摇式压力校验器

当手摇活塞推进时,油缸内的液压油流向压力盒端和压力表端或储油杯,如图 1-2b 所示。油的流向取决于三个油阀的开闭状态:当总油阀打开时,油流入储油杯,无法加载;当总油阀关闭,且压力盒油阀或压力表油阀打开时,油流向压力盒及压力表,进行加载。

当手摇活塞后退时,如果总油阀打开,则储油杯里的油进入油缸,起到油缸加油的作用;如果总油阀关闭,且压力盒油阀或压力表油阀打开,则压力盒端或压力表端的液压油流向油缸,进行卸载。

2. 液压标定台

液压标定台可用于振弦式土压力盒、孔压计等传感器的标定,主要由标定罐、手动试压泵、压力表及振弦式读数仪(或称为频率仪)组成(图 1-3)。

(1)标定罐(图 1-3a)。罐体净尺寸一般为 φ300 mm×800 mm,用来存放待标定传感器和水。罐盖上设有压力表连接端(1 个)、传感器电缆线出口端(8 个)和手动试压泵连接端(1 个)。标定罐最高工作压力一般为 4.0 MPa。

a. 试验标定罐   b. 手动试压泵

图 1-3 液压标定台实物图

（2）手动试压泵（图 1-3b）。主要用来给标定罐提供压力源，得到传感器标定过程中所需的各级压力。

（3）压力表。用于量测各级加压时标定罐内的压力，可根据传感器标定需要选择合适的精度和量程。

（4）振弦式读数仪。用于标定过程中采集振弦式土压力盒及孔压计传感器在各级压力下的输出频率。扫频激励范围一般为 500～6 000 Hz，频率的测量分辨率为 0.1 Hz，模数的测量分辨率为 0.1 F，测量精度为0.01%F.S.。

3. 测缝计标定台

测缝计标定台用于振弦式测缝计的标定，主要由手摇把、主框架、次框架、数显尺及测缝计固定端等组成（图 1-4）。标定范围为 0～250 mm，标定精度为 0.01 mm。

标定过程中，通过手摇把控制次框架在主框架上前后移动，次框架同时带动数显尺移动；测缝计的两端通过螺栓分别固定在主框架和次框架上；最后通过转动手摇把改变测缝计的伸缩长度。

图 1-4　测缝计标定台实物图

1.3 实验操作与记录

1.3.1 操作步骤

1. 利用手摇式压力校验器标定振弦式土压力盒

（1）测试无压频率。将土压力盒标定装置卸载至油压表读数为 0 MPa，使土压力盒处于无压状态，测量并记录土压力盒的输出频率 f_0。

（2）加载测试有压频率。根据土压力盒标定装置的油压表读数，按 0.02 MPa 分 10 级加载至 0.2 MPa，测量并记录土压力盒的输出频率 $f_i(i=1, 2, \cdots, 10)$。

（3）卸载测试有压频率。根据土压力盒标定装置的油压表读数，按 0.02 MPa 分 10 级卸载至 0 MPa，测量并记录土压力盒的输出频率 $f_i(i=1, 2, \cdots, 10)$。

（4）结束操作。将土压力盒标定装置完全卸载，确认总油阀、压力盒油阀和压力表油阀全部打开，压力表读数为零，将活塞推至零行程。

2. 利用液压标定台标定振弦式土压力盒及孔压计

（1）将待标定的传感器放入标定罐体中，将传感器的电缆线头拉出罐体外，并向罐体内注满水。

（2）将罐体法兰圈上"O"形密封槽清理干净，并放上"O"形密封圈，然后把罐盖立在罐体的法兰上，将传感器的电缆线头从罐盖上的出线口引出至罐盖外，并合上罐盖。

（3）对准罐体法兰与罐盖周边的螺纹孔，用螺栓拧紧，同时在罐盖上的电缆出线口安装橡胶密封塞，并用压紧螺栓拧紧密封。

（4）从罐盖的压力表连接端口向罐体内注水，直至连接管泵端口处出水，然后将连接管与手动压力泵连接并拧紧。

（5）操作手动压力泵，向罐体内压水，直至压力表连接端口处冒水，并立即拧上相适应的压力表，此时采用振弦式读数仪测读并记录土压力盒或孔压计的初始输出频率 f_0。

（6）继续操作手动压力泵向标定罐体内加压，直至标定实验规定值后保持恒压，此时采用振弦式读数仪测读并记录土压力盒或孔压计的输出频率 f_i。

（7）重复步骤（6），直至完成各级加载压力下土压力盒或孔压计输出频率的测读和记录，然后进行卸载，直至完成各级卸载压力下土压力盒或孔压计输出频率的测读和记录。

（8）实验完毕后，先卸去压力值，再按照相应的步骤打开标定罐，取出传感器。

3. 利用测缝计标定台标定振弦式测缝计

（1）转动手摇把，调节测缝计固定端之间的距离。

（2）将测缝计安装在标定台上，并拧紧固定端的螺栓，以避免标定过程中测缝计与主、次框架端产生相对移动。

（3）打开数显尺的红色电源开关，再按绿色"0"开关进行清零。

（4）根据测缝计的量程确定标定时的各级伸缩量，转动手摇把以拉伸测缝计，至各级目标伸长量时，采用频率仪测读并记录相应的频率，即进程读数。

（5）反方向转动手摇把以压缩测缝计，至各级目标压缩量时，采用频率仪测读并记录相应的频率，即回程读数。

（6）标定完毕后，卸下测缝计。

1.3.2 实验记录

振弦式土压力盒及孔压计标定实验记录见表 1-1,振弦式测缝计标定实验记录见表 1-2。

1.4 实验成果整理

传感器标定实验的成果整理主要是将传感器的输入量和输出量绘制成标定曲线,或进一步通过拟合得到标定函数。

1.4.1 振弦式土压力盒和孔压计标定实验成果整理

振弦式土压力盒或孔压计所受压力 P 与其输出的钢弦频率值 f 的关系为

$$P = K(f_i^2 - f_0^2) \tag{1-2}$$

式中 P——振弦式传感器所受的压力(MPa);

         f_i——振弦式传感器各级受压后钢弦的频率(Hz);

         f_0——振弦式传感器未受压时钢弦的频率,即初始输出频率(Hz);

         K——标定系数(MPa/Hz^2)。

振弦式传感器的标定即通过测试土压力盒或孔压计未加压时的输出频率 f_0 和一系列压力与频率数据组 $(P_i\text{-}f_i)$,进行线性回归求得标定系数 K。

可按以下步骤进行成果整理:

(1)计算各级荷载下输出频率 f_i 与初始输出频率 f_0 的平方差 x,即

$$x = f_i^2 - f_0^2 \qquad\qquad (1-3)$$

$$P = Kx \qquad\qquad (1-4)$$

（2）按式(1-4)进行线性回归,绘制标定曲线(图1-5),分别求出加载时与卸载时对应的标定系数 K。

（3）比较加载时与卸载时标定系数 K 的差异,并分析原因。

图 1-5　振弦式土压力盒标定曲线

1.4.2　振弦式测缝计标定实验成果整理

振弦式测缝计所量测的裂缝开合度 L 与其输出的钢弦频率 f 的关系为

$$L = K(f_i^2 - f_0^2) \qquad\qquad (1-5)$$

式中　L——传感器所量测的裂缝开合度或变形(mm);

f_i——传感器各级受力后钢弦的频率（Hz）；

f_0——传感器未受力时钢弦的频率（Hz）；

K——标定系数（mm/Hz^2）。

振弦式测缝计的标定即通过测试测缝计未受力时的输出频率 f_0 和一系列裂缝开合度或变形与频率数据组（$L_i - f_i$），进行线性回归求得标定系数 K。

可按以下步骤进行成果整理：

（1）计算各级裂缝开合度或变形下的输出频率 f_i 与初始输出频率 f_0 的平方差 y，即

$$y = (f_i^2 - f_0^2) \tag{1-6}$$

$$L = Ky \tag{1-7}$$

（2）按式（1-7）进行线性回归，绘制标定曲线（图1-6），分别求出进程时与回程时的标定系数 K。

图 1-6　振弦式测缝计标定曲线

10

（3）比较进程时与回程时标定系数 K 的差异，并分析原因。

1.5 实验注意事项

（1）利用液压标定台进行土压力盒或孔压计标定时，需拧紧标定罐罐体法兰与罐盖的螺栓，同时密封好罐盖上的电缆出线口，以免标定过程中出现漏水甚至安全问题。

（2）实验过程中，注意检查传感器的密封性，如果发现有水从传感器电缆线中流出，说明该传感器密封性存在问题，这将影响标定结果的准确性。

表 1-1　振弦式土压力盒及孔压计标定记录表

实验名称					仪器设备名称			
实验日期					仪器设备编号			
序号	加载（进程）				卸载（回程）			
	P_i /MPa	f_i /Hz	$(f_i^2 - f_0^2)$ /Hz²	$K/$ (MPa·Hz⁻²)	P_i /MPa	f_i /Hz	$(f_i^2 - f_0^2)$ /Hz²	$K/$ (MPa·Hz⁻²)
实验成果及分析								

实验者：　　　　　　　　　计算者：　　　　　　　　　校核者：

表 1-2 振弦式测缝计标定记录表

实验名称			仪器设备名称			
实验日期			仪器设备编号			

序号	测量范围	0～100 mm					
	位移 /mm	进程 1 /Hz	回程 1 /Hz	进程 2 /Hz	回程 2 /Hz	计算位移 /mm	误差 /%F.S.
实验成果及分析							

实验者：   计算者：   校核者：

13

第 2 章　无线自动测试系统实验

2.1　概述

随着无线网络、通信和计算机技术的发展,现代电子测量技术已逐步从传统的有线人工测量向基于无线传感网络技术的无线自动测试系统发展。无线测试系统不存在众多的连线,可以较为方便地实现设备间的数据通信,可移动的无线网络会极大地拓宽自动测试的应用范围,计算机软件的开发使得数据的存储、访问、分析、处理等变得便捷、智能、高效,因此无线自动测试系统具有极高的优越性。

本实验以无线静态应变测试系统为例,旨在了解无线自动测试系统的基本组成和实现方式,熟悉无线自动测试的基本原理,体验无线自动测试的优越性,掌握静态应变仪的基本操作方法和数据处理方法。

2.2　实验仪器设备及原理

2.2.1　仪器设备

无线静态应变测试系统由多功能静态应变仪、USB 网关和系统软件三部分组成,如图 2-1 所示。该系统具有以下特点:①无线功能,自组网;②超强的抗干扰能力;③自动长导线电阻测量;④超长导线可以自动平衡;⑤每通道可设置独立的桥路;⑥可测量电阻值;⑦超强的脱机管理功能;⑧内置电池,内置 FLASH;⑨适合长期监测。

桥式传感器　热电偶

热电阻

应变应力

4～20 mA变送器

电阻或电阻式传感器　　电压或电压式传感器

图 2-1　无线静态应变测试系统

1. 多功能静态应变仪

多功能静态应变仪包括电源、放大器、模数转换模块及桥路转换模块,其通过用途选择控制器选择信号输入端与所述放大器及桥路转换模块的连接方式,使静态应变仪根据使用者的需要既可仅作为桥路转换工具,也可作为静态应变仪完成整个采样和数据处理任务的工具,同时还可配合所选择的用途由相应的信号输入输出端输入输出信号。

多功能静态应变仪的主要性能指标如下:

(1)通道数:8。

(2)量程:约±15 000 $\mu\varepsilon$/±30 000 $\mu\varepsilon$/±60 000 $\mu\varepsilon$。

(3) 分辨率：0.5 $\mu\varepsilon$/1 $\mu\varepsilon$/2 $\mu\varepsilon$。

(4) 测量误差：±0.3% F.S.±2 $\mu\varepsilon$。

(5) 平衡范围：0～±10 000 $\mu\varepsilon$/±20 000 $\mu\varepsilon$/±50 000 $\mu\varepsilon$。

(6) 稳定性：温漂，<1 $\mu\varepsilon$/℃;时漂，<3 $\mu\varepsilon$/4 h。

(7) 应变片阻值：60～1 000 Ω。

(8) 桥路类型：全桥、半桥、1/4 桥(120 Ω 应变片无补偿)、1/4 桥(公共补偿片)、三线制自补偿应变片、电压输入(热电偶)、电阻及电阻型传感器(支持三线制)、4～20 mA 变送器等。每通道独立设置。

2. USB 网关(含 USB 连接线)

USB 网关(图 2-2)作为通信处理器,按照一定的协议与总线上所有其他的智能节点进行对等的数据通信。在无线静态应变测试系统中,即起到通过无线网络向主控计算机传输多功能静态应变仪输出信号的作用。

3. 系统软件

与多功能静态应变仪和 USB 网关配套使用的运行于主控计算机系统的软件,用于实现

图 2-2　USB 网关

对测量系统的控制以及测量信号的接收、存储、处理、再输出等功能。

无线静态应变测试系统具有以下特点：①支持高速测量模式；②支持USB、总线组网、无线组网测试方式；③内置大容量存储器；④支持在线、离线测试；⑤全电子化、程控化设计；⑥即用的 USB 无线网关。

4. 纯弯曲铝合金梁受力变形系统

纯弯曲铝合金梁受力变形系统(图 2-3)由铝合金梁及支座、砝码、应变片(含连接导线头)及粘贴工具组成。其中,铝合金梁的尺寸为40 mm×30 mm×1 000 mm。左、右支座分别置于距铝合金梁两端 10 cm 处,梁上有刻

度线,间距为 5 cm。500 g 砝码 2 个,加载用,对称放置于梁上表面,每轮测量过程中同步向跨中移动一格刻度(即 5 cm)。

1—砝码;2—刻度线;3—应变片;4—铝合金梁试件;5—支座。

图 2-3　纯弯曲梁受力变形系统

2.2.2　实验原理

1. 力学理论

跨中弯矩:

$$M = Fx \tag{2-1}$$

式中　M——跨中弯矩;

　　　F——砝码重量;

　　　x——加载点与近侧支座的距离。

测点应力和应变:

$$\sigma = \frac{M}{W} \tag{2-2}$$

$$\varepsilon = \frac{\sigma}{E} \tag{2-3}$$

式中　σ, ε——测点处应力、应变;

　　　W——抗弯截面系数,$W = bh^2/6$,其中,b 为截面宽度,h 为截面高度;

　　　E——铝合金弹性模量。

17

2. 测量系统原理

静态应变仪是专为测试材料受静态力作用而产生的形变的检测仪器,由测量电桥、放大器等组成。它通常是根据电桥测量原理,通过由应变计或应变片与标准电阻组成的电桥将应变转换成电量进行测量。贴在被测构件上的电阻应变片接在测量电桥上,构件受载变形时,应变片的电量值也随之发生变化,两个变化量之间有明确的对应关系,这样就把非电量(应变)转换成电量(电阻值),测量电桥有电压输出,经放大器放大后输出信号,通过 USB 网关构建的无线组网可传输到主控计算机上,通过配套软件完成后续数据转换、存储、处理等工作。

2.3 实验准备工作

2.3.1 系统软件的安装及使用

系统软件的安装参照软件安装提示完成,软件的使用参阅软件帮助文件,仪器配合软件帮助文件的说明书使用。

用户在新使用此设备时,务必对系统软件及硬件进行一些模拟测试,以了解系统的功能。

仪器的网关以及 USB 有线连接时需要安装 USB 驱动程序,驱动程序在安装的目录下,安装时可能两次提示选择驱动程序,只需遵照提示选择 USB2RS232 目录安装即可。

如果计算机未安装过此 USB2RS232 的驱动程序,接入无线网关或无线静态应变仪,查看说明书,按照安装新硬件向导完成新硬件的安装。需要注意的是,安装完成后应查看安装的正确性,具体操作见说明书。

2.3.2　无线静态应变仪使用前的准备工作

1. 电源

实验开始前应变仪的电源处于关闭状态。仪器使用前保证电池电量充足,及时充电。使用外接电源时注意外接电源的接入极性。

2. 应变片

在铝合金梁试件跨中上表面贴好工作片(注意应变片方向沿试件轴向),补偿片可贴在试件端面上,并使用万用表或其他仪器检测应变片是否正常工作。

3. USB 网关

实验开始前构建好无线组网,如图 2-4 所示,检查网关是否正常工作,并测试组网的连通性。

图 2-4　无线组网示意图

2.4 实验操作与记录

2.4.1 操作步骤

（1）将 USB 网关与主控计算机通过数据线连接。

（2）打开静态应变仪，仪器开机后会自动查找网关，找到网关后，"ZIGBEE LINK"指示灯闪烁。

（3）打开主控计算机配套的系统软件，软件界面如图2-5所示。注意，此时界面下方有"系统未联机"提示。

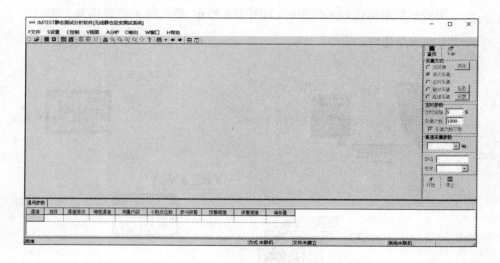

图 2-5 系统软件界面

（4）点击工具栏"C控制"选项，并点击查找设备，此时系统会搜寻在线设备，如图 2-6 所示，在应变仪启动、网关正常工作的情况下，系统便会联机成功，如图 2-7 所示，此时界面下方会出现通道信息，并提示系统连接正常。

图 2-6　查找在线设备

图 2-7　联机成功提示及"通用参数"窗口

（5）在界面下方"通用参数"窗口选择"测量内容"，设置"小数点位数""偏移量"等参数，如图 2-7 所示；在"应变应力"窗口选择"桥路"和"联接形式"，输入"应变片电阻""导线电阻"等参数，如图 2-8 所示，并根据

"通道"和"接线方法",在应变仪上将工作片和补偿片连接导线头接入相应通道的桥路中。

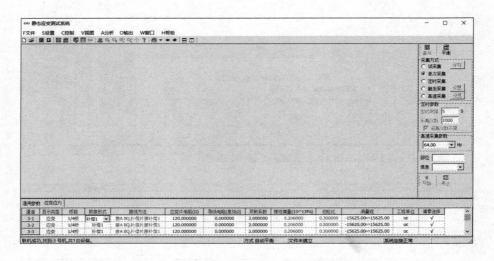

图 2-8 "应变应力"窗口

（6）点击右侧"平衡"按钮,平衡后,将砝码对称放置在试件上表面（支座间）刻度线上进行加载,位置为 $x=5$ cm,如图 2-9 所示,选择采集方式,点击下方"开始"按钮,设置项目文件名称和存储位置,如图 2-10 所示,设置完成后开始采集数据,如图 2-11 所示。由于演示时并未连接应变片,故采集数据均为 0。

x—加载点距近侧支座的位移,每轮测量 x 增加一格刻度;

1—砝码;2—砝码最终加载位置;3—刻度线;4—应变片;5—铝合金梁试件;6—支座。

图 2-9　试件加载系统

图 2-10 项目文件存储设置

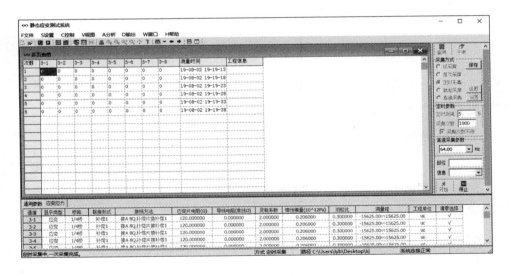

图 2-11 数据"采集中"界面

（7）采集 30 s（暂定）后，将左右砝码同步向跨中移动一个刻度（即 x
增加一格刻度）并继续采集 30 s，重复此步骤至砝码移至距跨中 5 cm 处
（最终加载位置），如图 2-9 所示，采集 30 s 后测量结束，点击"停止"

按钮。

（8）点击"V 视图"工具栏下列框中的"多页表格"可查看采集的数据，点击"O 输出"工具栏可选择将采集的数据输出到 Excel 中，方便后续数据处理。数据存储无误后，断开网关，关闭应变仪电源，卸下与应变片的连接并整理好实验器具。

2.4.2　实验记录

无线自动测试系统实验记录由软件自动记录并存储，用户可以输出到 Excel 中进行后续数据处理。无线自动测试实验记录见表 2-1。

2.5　实验成果整理

1. 计算与整理

由材料力学理论公式计算跨中弯矩和测点处应力，对所得测量数据进行处理、取平均等得到应变值。

2. 绘图

以理论计算得到的跨中弯矩为纵坐标，本次测量应变为横坐标，绘制弯矩-应变曲线，得到其弹性模量。

2.6　实验注意事项

M3812 无线静态应变仪使用注意事项如下：

（1）为了便于调节平衡，工作片和补偿片应尽可能选用一致，工作片和补偿片的连接导线也应相同。

（2）如果导线电阻太大，将造成测量误差，应在软件中输入导线电阻值进行修正。

（3）补偿片和工作片应贴在相同的试件上，并保持相同的温度。避免阳光直射和空气剧烈流动而造成测量不稳定。

（4）补偿片和工作片对地的绝缘电阻应不小于 100 MΩ，否则将可能引起漂移。

（5）仪器应尽可能远离强磁场，尽可能用双绞线连接应变片。

此外，测量数据文件应采用统一格式存储，以免混淆。

表 2-1　无限自动测试系统试验记录表

实验名称				仪器设备名称			
实验日期				仪器设备编号			
加载点	1	2	3	4	5	6	7
跨中弯矩							
理论应力							
采集的应变值　第一次							
第二次							
第三次							
……							
平均值							

弯矩-应变曲线：　　　　　　　　　弹性模量：

你对本次无线自动测试系统实验的感受和建议：

实验者：　　　　　　　　　计算者：　　　　　　　　　校核者：

26

第3章 地下结构与岩土体深层水平位移监测实验

3.1 概述

深层水平位移是岩土体或构筑物在不同深度范围内发生的水平向变形,比如,基坑工程中围护墙深层水平位移及坑外土体深层水平位移,盾构隧道施工中周围岩土体的深层水平位移,边坡工程中岩土体的深层水平位移,以及软土地基路堤施工过程中地基深层水平位移。

本实验的目的是理解地下结构与岩土体深层水平位移监测的基本方法,了解测斜仪的基本构造和工作原理,掌握测斜仪的基本操作方法以及地下结构与岩土体深层水平位移监测数据处理方法。

3.2 实验仪器设备及原理

3.2.1 仪器设备

1. 测斜仪

(1) 探头(图 3-1a)。探头内含测斜传感元件,一般采用伺服加速度计。

（2）读数仪（图 3-1a）。一般分为有线数据采集和无线数据采集两种。其中，有线采集时，探头和读数仪通过电缆直接连接来实现，而无线采集时，探头和读数仪（平板电脑）一般通过蓝牙无线连接来实现。

（3）电缆及其绞盘（图 3-1b）。电缆上设有深度标记，深度间隔一般为 50 cm，其中第一个深度标记距离探头上导轮 50 cm。电缆绞盘可为探头供电，并实现探头和读数仪之间的数据传输。

（4）电缆定位装置（图 3-1a）。可用于测量时稳定电缆及探头。

a. 探头

b. 电缆及其绞盘

c. 测斜管

d. 连接管

e. 管座（盖）

图 3-1　仪器设备实物图

2. 附属设备

（1）测斜管（图 3-1c）。一般采用 PVC 管，管内壁设有 4 条导槽或滑动槽，各槽相隔 90°；国产测斜管尺寸多为内径 φ58 mm，外径 φ70 mm，单根长度一般为 2 m；通常需要与连接管、管座及管盖配合使用。

（2）连接管（图 3-1d）。一般采用 PVC 管，内径为 φ70 mm，外径为 φ82 mm，长度通常为 300 mm。

（3）管座（图 3-1e）。位于测斜管底端，与管外径匹配，防止泥沙从管底端进入管内的安全护盖。

（4）管盖（图 3-1e）。用于保护测斜管管口，防止杂物从管口掉入管内，影响正常观测。管盖也由聚氯乙烯材料制成，其外形尺寸一般与管座相同。

3.2.2　实验原理

通过测量测斜管轴线与铅垂线之间的夹角变化量，以此计算出地下结构与岩土体中不同深度位置各点的水平位移量，如图 3-2 所示。

图 3-2　测斜仪的工作原理示意图

通常在岩土体内预先钻孔，垂直埋设一根测斜管，或者在地下结构中预埋一根测斜管，且测斜管的其中 2 条导槽与被测体的水平变形方向一致，当地下结构或岩土体发生水平变形时认为测斜管与其发生同步位移，用测斜仪沿深度逐段量测变形后的测斜管轴线与铅垂线之间的夹角 θ_i，并按测点的分段长度分别求出不同深度处各测点的相对水平偏移量 $\Delta\delta_i$，通过逐点累加可以计算其不同深度处的水平位移。

（1）各测点上的相对水平偏移量为

$$\Delta\delta_i = L_i \times \sin\theta_i \tag{3-1}$$

式中　$\Delta\delta_i$——第 i 测点的水平偏差值（mm）；

　　　L_i——第 i 测点的长度（mm），一般取 500 mm；

　　　θ_i——第 i 测点的测斜管轴线与铅垂线之间的夹角，即倾角值（°）。

（2）由测斜管底部测点开始逐段累加，可得第 k 测点处的绝对水平偏差量：

$$\delta_k = d_0 + \sum_{i=1}^{k} L_i \times \sin\theta_i \tag{3-2}$$

式中　d_0——实测起算点（即测斜管管底）的水平位移。当测斜管埋设足够深时，可认为管底为不动点，因此 d_0 可取 0。

（3）各测点第 j 次测量的水平位移 d_{jk} 为该测点本次与第一次绝对水平偏差量的差值：

$$d_{jk} = \delta_{jk} - \delta_{1k} = d_{j0} + \sum_{i=1}^{k} L_i \times (\sin\theta_{ji} - \sin\theta_{1i}) \tag{3-3}$$

式中　δ_{jk}——第 j 次测量的第 k 测点的绝对水平偏差（mm）；

　　　δ_{1k}——第 k 测点的绝对水平偏差初始值（mm）；

d_{j0} ——第 j 次测量时,实测起算点(即测斜管管底)的水平位移
(mm);

θ_{ji} ——第 j 次测量时,第 i 测点的倾角值(°);

θ_{1i} ——第 i 测点的倾角初始值(°)。

3.3 实验准备工作

实验开始前,需要先安装测斜管。如果实验中测试深度超过 2 m,可利用建筑物的楼梯设施,在楼梯转角处安放测斜管来模拟测斜管的现场安装。

利用设有略大于测斜管外径的圆孔的混凝土墩(图 3-3)作为测斜固定端,以保持测斜管底部位置不变。通过人为推动测斜管管口,使测斜管发生整体倾斜,以此来模拟测斜管现场受力发生水平向变形的过程。

a. 俯视图　　　　　　　　　　　　b. 左视图

图 3-3　混凝土墩结构示意图(单位:mm)

3.4 实验操作与记录

3.4.1 操作步骤

（1）连接测斜仪探头和电缆,使测斜仪系统正常工作。打开电缆绞盘开关和读数仪,进行参数设置。若采用有线数据采集,则直接连接读数仪和电缆;若采用无线数据采集,则启动平板电脑读数仪的蓝牙功能并连接。

（2）将测斜探头以0°方向(一般为探头上导轮的高轮所指方向)插入测斜管内,使滚轮沿导槽自上而下缓慢放至管底。

（3）将电缆定位装置安放于测斜管顶部,确保各测点在每次监测时均保持在同一点位置。

（4）测量自测斜管管底开始,将探头沿测斜管导槽底部自下而上提拉,测得每隔50 cm的读数,直至孔口测完各个读数,并记录或存储监测数据。

（5）当0°方向测量完毕后,将探头取出,旋转180°后,再次插入同一对导槽,按以上方法重复测量,记录或存储180°方向的监测数据。

（6）测试结束后,关闭电缆绞盘开关,通过USB电缆传输等方式从读数仪中导出实验数据。

3.4.2 实验记录

深层水平位移监测实验数据记录见表3-1。

3.5 实验成果整理

一般情况下,各测点在测斜仪探头 0°和 180°两个方向量测的读数为数值相近、符号相反的一系列数据,可分别记为 d_{1i} 和 d_{2i},即($d_{1i} + d_{2i}$)接近 0。每一次测斜监测实验结束时,应及时查看 0°和 180°两个方向量测的读数之和,如果($d_{1i} + d_{2i}$)明显偏离零值,应分析原因并进行补测。

1. 计算位移

一般可直接由测斜仪配套数据处理软件得到不同深度各测点的当次水平位移和相对初始状态的累计水平位移。也可参考以下方法进行整理:

(1)将各测点在探头 0°和 180°两个方向量测的数据 d_{1i} 和 d_{2i} 进行相减处理,得到各测点处的读数差(即 2 倍的绝对水平偏差)。

(2)通过比较各测点的读数差与初始值(即第一次的绝对水平偏差),求得各测点位置的相对水平位移变化量,即差数:

$$差数 = \frac{d_{1i} - d_{2i}}{2} - 初始值 \tag{3-4}$$

(3)根据差数,通过算术求和得到测孔全长范围内不同测点的水平位移。

2. 绘制曲线

(1)以深度为纵坐标,每次量测的深层水平位移为横坐标,绘制深层水平位移-深度曲线(图 3-4)。

(2)以深度为纵坐标,深层水平位移速率为横坐标,绘制深层水平位移速率-深度曲线(图 3-5)。

图 3-4　深层水平位移-深度曲线

图 3-5　深层水平位移速率-深度曲线

3.6　实验注意事项

（1）每次量测时,都应将电缆刻度与测斜管管口固定位置对准,以防读数不准确。

（2）实验时,测斜管导槽方向要与水平位移方向保持一致。

表 3-1　深层水平位移监测实验数据记录表

实验名称					仪器设备名称				
实验日期					仪器设备编号				
序号	深度 /m	第＿＿次测试			第＿＿次测试			数据处理结果	
		0° 测值	180° 测值	差值	0° 测值	180° 测值	差值	变化值	位移值 /mm
1	0.5								
2	1.0								
3	1.5								
4	2.0								
5	2.5								
6	3.0								
7	3.5								
8	4.0								
9	4.5								
10	5.0								
11	6.5								
12	7.0								
13	7.5								
14	8.0								
15	8.5								
16	9.0								
17	9.5								
18	10.0								
19	10.5								
20	11.0								
21	11.5								
22	12.0								
23	12.5								

实验者：　　　　　　　　　计算者：　　　　　　　　　校核者：

第 4 章 深基坑施工和监测模型实验

4.1 概述

深基坑施工和监测模型实验主要是实现对工程实践中的深基坑施工和监测的模拟,以在实验室中展示深基坑工程的受力特征、设计原理和施工技术。

本实验的目的主要包括以下几个方面:

(1) 通过课程教学及模型实验,提高学生动手能力,更好地掌握各种测试与监测方法。

(2) 了解地下结构工程测试与监测的中土压力盒、应变片、位移传感器等主要传感器的原理、使用和监测设计。

(3) 提高学生实际工程测试与监测的管理和实施能力,以及对工程技术的综合理解能力,以便指导将来的工程实践。

4.2 实验仪器设备及原理

4.2.1 仪器设备

（1）基坑模型实验箱（1只）。

（2）传感器：①电阻应变片若干；②YHD-50型位移传感器2个；③BX-1型土压力传感器6个。

（3）数据采集系统：①电脑主机1台；②dataTaker DT515数据采集仪1台；③CEM扩展板2台；④dataTaker的DeTransfer 3.21软件；⑤US232B Driver(dataTaker USB接口驱动)。

（4）附属设备：①铲子2把；②万用表1块；③磁性表座2个。

4.2.2 实验原理

先在基坑模型实验箱内设置地下连续墙,埋设好监测元件,然后铺填好土层;设置支撑,埋设好支撑上的监测元件,安装好监测地下连续墙墙顶位移的位移传感器;按基坑施工顺序开挖和设置支撑,并对支护体系的受力和变形进行实时监测(图4-1)。

监测内容及方法如下:

a. 俯视图

位移计D1

梁托

应变片

压力盒

支撑，可以通过调整梁托的位置来上下移动支撑

b. A—A 剖面

位移计D2

应变片

已开挖空间

连续墙后的土体

基坑底部的土体

c. B—B 剖面

图 4-1　模拟系统示意图

1. 地下连续墙弯矩监测

（1）采用应变片,在地下连续墙上不同深度的两侧粘贴应变片(图

4-2),根据地下连续墙两侧应变的差值,用纯弯构件计算理论可以计算地下连续墙所受到的弯矩。

(2)监测点的竖向位置方面应考虑如下因素:计算的最大弯矩和反弯点所在位置,各土层的分界面,结构变截面或配筋率改变的截面位置,以及结构内支撑和拉锚所在位置。

图 4-2　应变片的粘贴及防护

2. 墙顶水平位移监测

采用位移传感器监测墙顶水平位移,用磁性表座将位移传感器安装在两根支撑的中间,见图 4-3。也可以采用激光位移传感器。

图 4-3　位移传感器的固定

3. 支撑轴力及弯矩监测

测点布置在最危险截面处（跨中），在支撑截面两侧粘贴应变片（图 4-2）。将应变测试结果应用胡克定律可以计算支撑轴力，根据支撑两侧应变的差值，用压弯构件计算理论可以计算支撑所受到的弯矩。

4. 土压力监测

采用 BX-1 型电阻式土压力盒，埋设位置与监测地下连续墙弯矩的应变片粘贴位置一致，见图 4-4。

图 4-4　电阻应变式微型压力盒及布设

5. 数据采集

采用 dataTaker 数据采集系统，分别对测试仪器输出的频率和电流信号进行采集。该基坑模型测试点较多，需要的数据采集通道最多达 26 个，而一台 dataTaker 数据采集仪只有 10 个通道，故利用两台 CEM 扩展模块，将采集通道扩展至 30 个进行数据采集。

4.3　实验准备工作

4.3.1　监测元件的安装

（1）首先使用万用表检验各个电阻应变片的电阻是否为 120 Ω±1 Ω,发现损坏或误差过大的应变片应及时更换,除去表层防水胶,将应变片用砂纸打磨,用酒精或丙酮擦拭干净后重新粘贴应变片,并做好防潮措施。

（2）地下连续墙(有机玻璃板)按设计的位置放置,距离模型箱一端的内侧 40 cm(开挖侧的宽度)。地下连续墙就位时要求保持竖直,并注意不要使仪器的引出线受过大的拉力,以防损坏测试仪器。

（3）在主机上安装 US232B Driver(dataTaker USB 接口驱动),然后安装 DeTransfer 3.21 数据采集软件。

（4）将两个磁性表座分别吸附在模型箱的铁片上,位移传感器 D1 在土层顶面上水平放置,并顶在连续墙中间位置,位移传感器 D2 在土层顶面上水平放置,并顶在距连续墙边缘 12 cm 处。

4.3.2　测点编号

（1）土压力测点:挡土面压力盒自上而下为 P1,P2,P3,P4,P5,背土面压力盒为 P6,见图 4-5。

（2）连续墙内力测点:挡土面中间应变片自上而下为 W1,W2,W3,W4,边上一排应变片自上而下为 W5,W6,W7,W8,其中 W1,W3,W4 在背土面,W2,W5,W6,W7,W8 在挡土面,见图 4-5。

（3）墙顶位移测点:D1(中),D2(边),见图 4-5。

（4）支撑测点：第一道撑 Z1,Z2,第二道撑 Z3,Z4,见图 4-5。

a. 迎土面图

b. 开挖面

图 4-5　连续墙测点编号图(单位：mm)

（5）仪器接出线上号码管的编号按照阿拉伯数字进行编号（表 4-1）。

表 4-1 压力盒及位移传感器编号对应表

仪器	压力盒						位移传感器	
测点编号	P1	P2	P3	P4	P5	P6	D1	D2
接出线编号	1	2	3	4	5	6	19	20

4.3.3 接线

电阻式微型压力盒采用全桥接入的方法,压力盒内部桥路接法使温度自动补偿,压力盒接出线编号为 1~6,如表 4-1 所示,接法如下文(1)所述。

支撑和地下连续墙上的应变片都采用半桥接法,有机玻璃板上共有 8 个测点用来监测连续墙的受力及变形情况,编号为 7~14,如表 4-2 所示。Q1 为其补偿片,接法如下文(2)~(3)所述。

表 4-2 应变片编号对应表

仪器	应变片											
测点编号	W1	W2	W3	W4	W5	W6	W7	W8	Z1	Z2	Z3	Z4
接出线编号	7	8	9	10	11	12	13	14	15	16	17	18

两道支撑上共有 4 个测点,用来检测支撑的轴力及弯矩,接出线编号为 15~18,如表 4-2 所示,Q2 为其补偿片,接法如下文(6)~(7)所述。

位移传感器接出线编号为 19,20,如表 4-1 所示,接法如下文(8)所述。

(1) 将 6 只压力盒接在 dataTaker 的 1~6 号通道上。压力盒有 4 根引出线,分别为红、黄、蓝、绿,与采集器对应接法为:红——" * ",蓝——

"＋",绿——"－",黄——"R"。

（2）将接出线编号为 7～14 的导线接到 dataTaker 的 7～10 通道及 CEM 扩展板的 1～4 通道的"＋""－"端。

（3）用短导线将"＊"与"＋"连接起来,将 Q1 线接到 7 通道的"R""－"端,将 7 通道的"＋"与 8 通道的"＋"连接,将 8 通道的"＋"与 9 通道的"＋"连接,依次连接到 CEM 扩展板的 4 通道的"＋"端。

（4）将 7 通道的"R"与 8 通道的"R"连接,将 8 通道的"R"与 9 通道的"R"连接,依次连接到 CEM 扩展板的 4 通道的"R"端。

（5）将接出线编号为 15～18 的接线端分别接到 CEM 扩展板的 5～8 通道的"＋""－"端。

（6）用短导线将"＊"与"＋"连接,将 Q2 线接到 CEM 扩展板的 5 通道的"R""－"端,将 5 通道的"＋"与 6 通道的"＋"连接,依次连接到 CEM 扩展板的 8 通道的"＋"端。

（7）将 5 通道的"R"与 8 通道的"R"连接,将 6 通道的"R"与 7 通道的"R"连接,依次连接到 CEM 扩展板的 8 通道的"R"端。

（8）位移传感器接出线有红、蓝、黑 3 根,两个位移传感器接出线编号分别为 19,20,将接出线的红、蓝、黑接分别接到 CEM 扩展板的 9,10 通道的"＋""－""R"端,同时用导线将"＊"与"＋"短接。

4.4 实验操作与记录

4.4.1 操作步骤

基坑开挖主要分为 6 个工况,包括:

（1）初始工况;

（2）开挖到第一道支撑位置；

（3）第一道支撑设置完毕；

（4）开挖到第二道支撑位置；

（5）第二道支撑设置完毕；

（6）开挖到基坑底部。

首先将土体平整，然后用铲子对土体进行开挖，开挖过程与数据采集过程相结合。在开挖过程中，每个工况之间停两分钟，使采集的数据稳定后再进行下一工况。具体过程如下：

（1）在计算机中安装 US232B Driver(dataTaker USB 接口驱动)，然后安装 DeTransfer 3.21 数据采集软件，见图 4-6。

图 4-6 数据采集软件安装完成界面

（2）将 dataTaker 的 USB 线接到主机，查看设备管理器，查明 USB 接入主机的 COM 接口，假定为 COM 3。

（3）从开始菜单中启动 DeTransfer 3.21，左键单击"Active

46

Connection"下拉菜单中的"DT500 Auto",如图 4-7 所示。

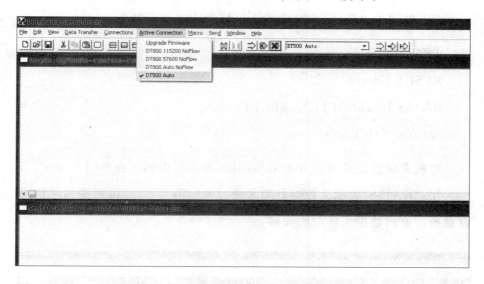

图 4-7 "DT500 Auto"所在位置界面

（4）左键单击"Connections"下拉菜单中的"Properties",弹出图 4-8 所示的对话框,选择"Direct to COM 3",点击"OK"。

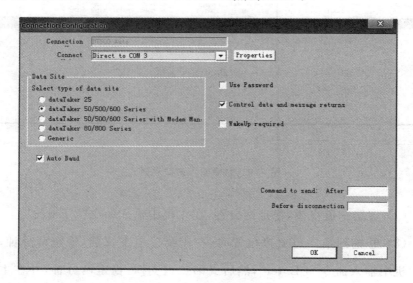

图 4-8 COM 接口设置对话框

（5）单击"Connections"下拉菜单中的"Connect"。

（6）如图 4-9 所示,在命令输入区域中输入以下命令:

TEST Enter

RESET Enter

RA15S 1..10BGI 1:1..8BGI Enter

/c/u/n/T/D Enter

数据采集系统就可以开始采集数据,在主机中输入命令"1 Enter"。

注:"RA15S"表示实验时数据采样时间间隔为 15 s,可根据实际情况设置所需要的数据采样时间间隔。

图 4-9　命令输入窗口界面

（7）支第一道支撑,稳定两分钟,在主机中输入命令"2 Enter"。

（8）开挖到第二道支撑位置时,在支第二道支撑前,稳定两分钟,并在主机中输入命令"3 Enter",然后支第二道支撑,稳定两分钟,并在主机中输入命令"4 Enter"。

（9）开挖到基坑坑底时，稳定两分钟，实验结束，输入命令"H Enter"。

（10）将鼠标点到数据输出区域，点击保存，数据保存格式是.dxd，文件可以用记事本和 Excel 打开进行数据处理。

注：在数据开始采集后，输入的命令 1，2，3，4 在这里没有具体的含义，只是为了隔开各个工况的数据，处理数据时比较方便提取数据。

4.4.2 实验记录

将每个工况稳定的数据提取出来，填入记录表中。深基坑施工和监测模型实验记录见表 4-3。

4.5 实验成果整理

4.5.1 计算

1. 作用在地下连续墙上的土压力

BX-1 型土压力盒出厂数据如表 4-4 所示。

表 4-4 土压力盒出厂资料

测点编号	P1	P2	P3	P4	P5	P6
出厂编号	801001	801002	801003	801004	801005	801006
系数 K（$\times 10^{-4}$）	1.941 74	1.872 65	1.814 88	1.886 79	1.897 53	1.926 78

将 dataTaker ppm 电桥读数转换为应变的公式如下：

$$\varepsilon = kB_{\text{out}} \tag{4-1}$$

式中　ε——应变($\mu\varepsilon$)；

　　　k——无量纲系数，$k = 4/(NG)$；

　　　B_{out}——电桥通道结果；

　　　G——应变片因子，$G = 2.08$；

　　　N——电桥中应变片个数，$N = 2$。

将应变转换为土压力的公式如下：

$$P = K\varepsilon \tag{4-2}$$

式中　P——土压力(MPa)；

　　　ε——应变($\mu\varepsilon$)；

　　　K——系数。

将实验中采集的数据与初始数据的差值代入式(4-1)中的 B_{out}，即可计算得到基坑工程施工中某时刻的土压力值，以及开挖过程中各测点土压力的变化。

2. 连续墙内力

利用式(4-1)将 dataTaker ppm 电桥读数转换为应变，将应变转换为应力及弯矩的公式如下：

$$\sigma = E\varepsilon \tag{4-3}$$

$$M = \frac{1}{3}\sigma h^2 \tag{4-4}$$

式中　σ——测点应力；

　　　E——材料弹性模量，地下连续墙取 $E = 2\,000$ MPa；

50

M——连续墙弯矩;

h——连续墙厚度, $h = 0.005$ m。

3. 支撑内力

支撑测点的数据处理与地下连续墙测点相同。支撑材料的弹性模量 $E = 1\,300$ MPa,截面尺寸为 470 mm$\times 23$ mm$\times 13$ mm,截面净面积 A 为 72 mm^2。

轴力 N 可通过 $N = A\sigma$ 计算得出,同时通过测得支撑同一断面上下表面的应力可以推出支撑的偏心轴力所引起的弯矩。

4. 连续墙墙顶位移

HYD 型位移传感器基本工作原理是一般静、动态电阻应变仪常用的应变电桥原理。将 dataTaker ppm 电桥读数转换为位移公式如下:

$$D_i = \frac{1}{42}B_{out} \qquad (4-5)$$

式中　D_i——位移值;

B_{out}——dataTaker 电桥通道结果。

4.5.2　结果分析

(1) 对比在开挖过程中,实验测得的土压力、连续墙内力、支撑轴力的变化趋势与实际工程中的变化趋势的差异。

(2) 分析开挖过程中土压力和支撑轴力与连续墙内力变化的关系。

(3) 通过墙顶位移和地下连续墙内力情况推出地下连续墙的竖向变形曲线。

(4) 在土体上施加超载,并研究其对支护结构的影响。

4.6 实验注意事项

（1）有机玻璃板放置的竖直面与模型箱边缘的间距为 40 cm，在放置的过程中，有机玻璃板很可能会出现弯曲，导致间距过小，支撑无法放置，或需用力压到预定位置，这会造成数据的跳跃。为了避免这种情况，有机玻璃板放置的间距可以略大 2～3 mm，可在支撑端头加楔形垫板，使支撑受力。

（2）开挖过程中尽量避免铲子与有机玻璃板和支撑碰撞，以减少数据波动。

（3）仪器接线比较多，开挖前应将线理好，开挖中应避免接出线的拖拽。

表 4-3　深基坑施工和监测模型实验记录表

实验名称				仪器设备名称					
实验日期				仪器设备编号					
压力盒	P1			P2			P3		
工况	读数	差值	累计值	读数	差值	累计值	读数	差值	累计值
初始读数									
支第一道支撑									
开挖到 15 cm									
支第二道支撑									
开挖到 30 cm									
压力盒	P4			P5			P6		
初始读数									
支第一道支撑									
开挖到 15 cm									
支第二道支撑									
开挖到 30 cm									
应变片	W1			W2			W2		
初始读数									
支第一道支撑									
开挖到 15 cm									
支第二道支撑									
开挖到 30 cm									

应变片	W4		W5		W6	
初始读数						
支第一道支撑						
开挖到 15 cm						
支第二道支撑						
开挖到 30 cm						
应变片	W7		W8		Z1	
初始读数						
支第一道支撑						
开挖到 15 cm						
支第二道支撑						
开挖到 30 cm						
应变片	Z2		Z3		Z4	
初始读数						
支第一道支撑						
开挖到 15 cm						
支第二道支撑						
开挖到 30 cm						
位移传感器	D1		D2			
初始读数						
支第一道支撑						
开挖到 15 cm						
支第二道支撑						
开挖到 30 cm						

实验者：　　　　　　　　　计算者：　　　　　　　　　校核者：

第5章 隧道洞周收敛监测实验

5.1 概述

隧道洞周收敛监测主要用于交通、铁路、地铁及其他行业中监测隧道内壁两点连线方向的相对位移。洞周收敛监测是岩石隧道或盾构隧道施工监测中最重要和最有效的监测项目，用以监控隧道周边岩土体或支护的稳定性，保证隧道施工安全，可以为二衬施设时间确定、支护设计参数修正以及施工工艺优化等提供依据。

本实验的目的是理解隧道洞周收敛监测的基本方法，了解激光收敛仪的基本构造和工作原理，掌握激光收敛仪的基本操作方法和隧道洞周收敛监测数据处理方法。

5.2 实验仪器设备及原理

5.2.1 仪器设备和配件

1. 激光收敛仪主机(图 5-1a)

主机开发有面板，具有编辑、测量、计算、传输等功能。编辑功能主要实现测量前项目名称、断面编号和测线编号的输入；测量功能主要通过触发外接按钮测量数据并存储于主机内存中，并对测量数据设置加密算法以防止数据造假；计算功能主要通过调用某测线的前一次监测数据以计算其收敛变形增量，以及调用某测线的第一次监测数据以计算其累计收敛变形量；传输功能主要实现测量数据的有线和无线传输。

2. 对准调节装置(图 5-1a)

对准调节装置设有两个转轴，可以实现主机绕俯仰轴和回转轴进行360°调节，同时具有锁死粗调而进行微调的功能。

3. 合页反光片(图 5-1b)

安装时可以调节合页的角度，使激光束与反光片上的激光目标点尽可能垂直。

a. 主机及对准调节装置

b. 合页反光片

图 5-1　激光收敛仪实物图

4. 混凝土块(2个)

用电钻在混凝土块上打出直径为 18 mm、深度为 60 mm 的孔,并将特制的膨胀螺栓插入孔中,拧紧以固定好螺栓。采用该形式的混凝土块来模拟隧道洞壁的两个测点。

与传统收敛计相比,隧道激光收敛仪具有以下优点:

(1)监测效率高,监测劳动强度低;

(2)定线装置简单、小巧,容易保护;

(3)操作简便快捷,监测时不影响隧道正常施工;

(4)监测精度有保证,比传统的杆尺式和弦式收敛计的监测精度可控,比其他各种激光测距仪的固定装置的精度高;

(5)可储存足够的测量数据,并用数据线导入电脑,实现无纸化监测;

(6)有数据记录时的时钟计时功能,并设置有数据加密功能,可以防止监测数据造假。

5.2.2 实验原理

为了模拟实际的隧道断面量测情况,实验时选择在实验室某处(一般选择在屋顶或天花板)布置一个反光片,用来模拟隧道拱顶 A 测点,而采用两个混凝土块来模拟 B,C 两测点处隧道洞壁的围岩(图 5-2)。通过调整两个混凝土块在水平方向上的位置来模拟洞周收敛监测点的变化情况。

根据隧道监测断面内的收敛测线选定测点的位置,在两个待测点处分别安装特制膨胀螺丝和反光片,量测时将连接有收敛仪主机的对准调节装置,通过底部的转换接头安装固定于混凝土块上的特制膨胀螺丝上,并调节对准调节装置,使激光点照准待测点反光片中央,按外置触发按钮记录读数,如图 5-2 所示。

1—隧道洞壁;2—激光收敛仪;3—对准调节装置;4—反光片;
5—特制膨胀螺丝;6—特制膨胀螺丝的转换接头。

图 5-2 激光隧道收敛仪的工作原理示意图

通过计算同一测线的前后两次距离的变化,即可得到隧道内壁两点连线方向的相对位移,通过计算同一测线当前距离与初始测量距离的变化,即可得到隧道内壁两点连线方向的累计相对位移。

5.3 实验准备工作

(1)实验开始前,先将其中一个混凝土块放置在某一位置(代表 B 测点),打开激光收敛仪主机内部的电子气泡,调整对准调节装置,使收敛仪水平。

58

（2）然后打开收敛仪的激光，根据激光照射点的位置确定另一个混凝土块上的反光片位置（代表 C 测点），反光片位置需靠近膨胀螺栓。

（3）通过对准调节装置调节激光照射点的位置，根据激光照射点在屋顶的位置来确定顶部反光片的粘贴点（代表 A 测点）。

（4）测点位置确定后，可正式开始实验。

5.4　实验操作与记录

5.4.1　操作步骤

（1）将激光收敛仪安装在混凝土块（B）上，打开收敛仪，选择"修改"按钮，输入当次监测的"文件名称""断面编号""测线编号"，选择"确定"，进入测量状态。

（2）打开激光收敛仪的激光，调整对准调节装置，使激光照射点对准混凝土块（C）上的反光点，激发触发器，仪器自动测量并存储三次 B，C 两点间的距离；调整对准调节装置，使激光照射点对准屋顶（A）上的反光点，激发触发器，仪器自动测量并存储三次 A，B 两点间的距离。

（3）取下激光收敛仪，将仪器安装到混凝土块（C）上的膨胀螺栓上，打开收敛仪的激光，调整对准调节装置，使激光照射点对准屋顶（A）上的反光点，激发触发器，仪器自动测量并存储三次 A，C 两点间的距离。

（4）将测量数据导入电脑，打开激光收敛仪附带的计算软件，按照软件操作使用说明，完成数据分析和计算。以上步骤便完成了一个隧道断面的初始测线距离量测和分析计算[其他断面量测操作相同,只需在步骤(1)设置不同的断面编号]。

(5)调整混凝土块在水平方向上的位置,以模拟隧道洞周收敛监测点的变化情况。调整好混凝土块在水平方向的位置后,重复步骤(2)~(5)的操作,完成隧道断面第一次洞周收敛变化后的测线距离量测。

(6)重复前一步骤的操作,便可模拟不同时间段的隧道断面收敛变化后的测线距离量测。

5.4.2 实验记录

隧道洞周收敛监测实验记录见表5-1。

5.5 实验成果整理

1. 计算

(1)将不同测线前后两次的量测距离求差,得到相应测点连线方向的相对位移,即相对收敛值。

(2)通过比较各测线的量测距离与初始量测距离(即第一次读数),求得相应测点连线方向的累计相对位移,即累计收敛值。

(3)根据隧道洞周相对收敛值与相应监测时间间隔之比,可计算出相应的收敛速率。

2. 绘制曲线

(1)以量测时间为横坐标,洞周收敛位移为纵坐标,绘制洞周收敛位移-时间曲线,即不同测点连线方向的相对位移随时间变化的过程线(图5-3)。

图 5-3 隧道洞周收敛位移-时间曲线

（2）以量测时间为横坐标,洞周收敛速率为纵坐标,可以绘制相应测线的收敛速率-时间曲线(图 5-4)。

图 5-4 隧道洞周收敛速率-时间曲线

（3）可以直接采用激光收敛仪附带的软件进行测量数据处理，然后自动绘制相关曲线图（图5-5）。

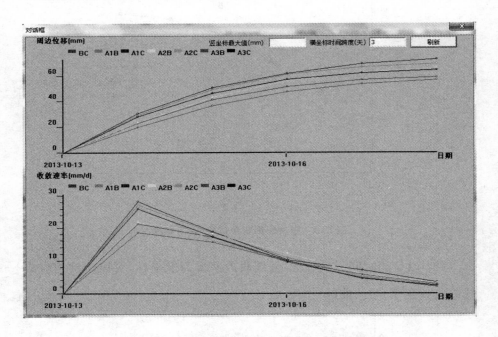

图5-5　隧道洞周收敛位移及速率与时间关系曲线

5.6　实验注意事项

（1）激光收敛仪属于二级激光产品，不能直视或瞄准他人眼部。

（2）不能将激光收敛仪直接瞄准太阳，或在黑暗中晃照他人。

（3）实验时应避免碰撞或剧烈晃动激光收敛仪。

（4）实验时应注意安全，避免被混凝土块砸伤。

（5）实验时每次激发触发器前应固定好混凝土块，避免混凝土块的轻微晃动影响测量结果。

表 5-1　洞周收敛监测记录表

实验名称				仪器设备名称				
实验日期				仪器设备编号				
测线编号	量测时间/(h:min)	第一次读数/m	第二次读数/m	第三次读数/m	平均读数/m	累计收敛值/mm	相对收敛值/mm	间隔时间/d	收敛速率/(mm·d⁻¹)
---	---	---	---	---	---	---	---	---	---

实验者：　　　　　　　　　计算者：　　　　　　　　　校核者：

第 6 章　土体分层沉降监测实验

6.1　概述

　　土体分层沉降是地基土或路堤等构筑物在不同深度范围内发生的竖向变形,比如,基坑工程中坑外土层的竖向变形,盾构隧道施工中周围地层土体的分层竖向变形,以及路堤施工过程中软土地基的分层竖向变形。通过分层沉降监测了解基坑开挖或盾构施工对周围土体的影响深度范围及影响程度,同时可了解路堤施工过程中软土地基在不同深度处的压缩情况。

　　本实验的目的是理解土体分层沉降监测的基本方法,了解分层沉降仪的基本构造和工作原理,掌握分层沉降仪的基本操作方法和数据处理方法。

6.2　实验仪器设备及原理

6.2.1　仪器设备

1. 分层沉降仪

　　(1)探头(图 6-1a)。探头根据电磁感应原理设计,对磁性材料敏感,可准确感知沉降磁环所在的位置,分辨率一般为 1 mm。

(2)电缆及绕线盘(图 6-1a)。电缆带有刻度标尺,同时具有测量磁环位置和导线的功能。

(3)电感探测装置(图 6-1a)。主要包括蜂鸣器和指示仪表,位于电缆的绕线盘上。

a. 分层沉降仪

b. 磁环和顶盖

c. 主导管和连接管

图 6-1　分层沉降监测仪器实物图

2. 附属设备

(1)沉降磁环(图 6-1b)。主要由塑料外壳、磁性材料及三根外伸金属条组成。

① 塑料外壳内径为 φ55 mm,略大于主导管外径;

② 磁性材料安装于塑料外壳内部;

③ 三根外伸的弹性金属条外径为 φ90 mm,用于固定磁环和周围土体,使其同步发生竖向位移。

（2）定位环。一般采用内径略大于主导管外径 10 mm 的 PVC 管,用螺丝钉安装在主导管的分层沉降监测点处,以固定磁环的初始位置。

（3）分层沉降管(图 6-1b 和图 6-1c)。主要包括主导管、连接管、底盖和顶盖。

① 主导管一般采用内、外径分别为 φ45 mm 和 φ53 mm 的 PVC 管,单根长度为 2 m;

② 连接管用于连接单根的主导管,内径尺寸略大于主导管的外径尺寸;

③ 底盖位于沉降管底端,与管外径匹配,用于防止泥沙从管底端进入管内而堵塞主导管;

④ 顶盖用于保护沉降管管口,防止杂物从管口掉入管内而影响正常观测,形状规格与底盖相同。

6.2.2　实验原理

通常在沉降管孔口做一标记,每次量测都以该标记为基准点。当分层沉降仪的探头通过磁环时,产生电磁感应信号,通过电缆传输至地表的电感探测装置。蜂鸣器发出声光警报,同时仪表也有指示,读取孔口标记点对应的电缆标尺刻度值,即沉降磁环距离孔口标记点的深度。通过监测各磁环位置的变化,可得到土中不同深度处的沉降,即分层沉降。

6.3　实验准备工作

实验开始前,需要先安装分层沉降管。可利用建筑物的楼梯设施,在楼梯转角处安放分层沉降管来模拟沉降管的现场安装。

利用设有略大于分层沉降管外径的圆孔的混凝土墩(参见图 3-3),作为固定端,以保持沉降管底部位置不变。通过人为调整沉降磁环的位置来模拟不同深度处的磁环随土体发生沉降的过程。

6.4 实验操作与记录

6.4.1 操作步骤

(1) 测试前先拧松绕线盘后面的止紧螺丝,让绕线盘自由转动后,按下电源按钮,电源指示灯亮。

(2) 打开分层沉降仪电源开关,用一沉降磁环套住探头移动,以检查仪器是否工作正常。当沉降磁环遇到探头的感应点时,电感探测装置发出声光警报,同时仪表有指示,说明沉降仪工作正常。

(3) 以孔口为标高,从上往下顺孔将探头缓缓放入沉降管中,当探头敏感中心与沉降环相交时,蜂鸣器发出声光警报,仪表指示值同时变大。此时读取并记录电缆标尺在基准点上的指示值,即进程测读的该磁环深度值。

(4) 当探头穿过最后一个磁环后,再缓慢提升探头,此时从下往上探头敏感中心将再一次与磁环相交,蜂鸣器再次发出声光警报,同时电表指示值变大。此时读取并记录电缆标尺在基准点上的指示值,即回程测读的该磁环深度值。

(5) 测试结束后,关掉电源。

6.4.2 实验记录

土体分层沉降监测实验记录见表 6-1。

6.5 实验成果整理

1. 计算

分层沉降监测过程中进程测读的第 i 个测点对应的磁环深度可用字母 J_i 表示,回程测读的磁环深度可用字母 H_i 表示,通过求平均即可得到第 i 个测点对应的磁环距离管口基准点的深度,可用字母 S_i 表示。计算公式如下:

$$S_i = \frac{J_i + H_i}{2} \qquad (6-1)$$

式中　i——某孔中测读的点数,即土层中磁环的个数;

　　　S_i——第 i 个测点距管口的实际深度(m);

　　　J_i——第 i 个测点在进程测读时距管口的深度(m);

　　　H_i——第 i 个测点在回程测读时距管口的深度(m)。

第 i 个测点每次实验的量测值与相应初始值之差,即为该测点的沉降 Δh_i。计算公式如下:

$$\Delta h_i = 1\,000(S_i - S_{i0}) \qquad (6-2)$$

式中　S_{i0}——第 i 个测点距管口的初始深度(m);

　　　Δh_i——第 i 个测点的分层沉降(mm)。

2. 绘制曲线

(1) 以深度为纵坐标,本次量测的分层沉降为横坐标,绘制本次土体

分层沉降-深度曲线,即不同深度土体竖向变形随时间变化的过程线
(图 6-2)。

图 6-2　本次土体分层沉降-深度曲线

（2）以深度为纵坐标,累计土体分层沉降为横坐标,绘制相应的累计
分层沉降-深度曲线(图 6-3)。

图 6-3　累计土体分层沉降-深度曲线

（3）以深度为纵坐标，分层沉降速率为横坐标，绘制分层沉降速率-深度曲线（图6-4）。

图6-4 土体分层沉降速率-深度曲线

6.6 实验注意事项

（1）当探头进入磁环中时，蜂鸣器会立即发出声音或电压表有指示，此时应缓慢地收、放测量电缆，以便仔细地寻找到发声或指示瞬间的确切位置后读出该点距管口的深度。

（2）读数的准确性通常取决于如何判定发声或指示的起始位置，测量的精度与操作者的熟练程度有关，故应反复练习与操作。

（3）沉降测头进入每一只磁环时都有两次响声，但必须以第一次响声为准进行测读，即进程是第一次响声，回程也是第一次响声。

（4）当报警声很小或无声时，表明电量基本耗尽，应及时更换电池。

表 6-1　土体分层沉降监测实验记录表

实验名称				仪器设备名称		
实验日期				仪器设备编号		
测点编号	进程读数/mm	回程读数/mm	本次分层沉降量/mm	累计分层沉降量/mm	变化速率/(mm·d^{-1})	备注

实验者：　　　　　　　计算者：　　　　　　　校核者：

71

第7章 隧道地质雷达探测实验

7.1 概述

隧道地质探测主要用于查明隧道掌子面前方一定范围内的地质构造软弱带问题(如断裂、溶洞、破碎带等的性质、规模、位置及产状等)、含水体问题(如含水断层、含水溶洞、含水松散体等的位置、规模、水压等)和围岩级别及其稳定性,同时还可用于探测隧道衬砌厚度及裂缝、脱空等缺陷。

本实验的目的是理解隧道地质探测的基本方法,了解地质雷达的基本构造和工作原理,熟悉地质雷达的基本操作方法和数据处理方法。

7.2 实验仪器设备及原理

7.2.1 仪器设备

1. 地质雷达主机

地质雷达主机(图 7-1a)是整个雷达系统的控制单元,通过计算机发出具体探测指令,控制发射天线和接收天线,以实现探测目的。

2. 屏蔽天线

屏蔽天线通过电缆与雷达主机连接,其中,发射天线根据雷达主机的指令,将一定频率的电信号转换为电磁波信号,向被探测介质前方传播,而接收天线将接收到的电磁波反射信号转换成电信号,并以数字信息方式进行存储。天线的常用频率有 100 MHz,400 MHz 及 900 MHz(图 7-1a,b,c)。

3. 测距轮

测距轮(图 7-1b)与天线直接连接或与天线构成整体,用于实时读取天线移动的距离,可结合打标的实际距离确定雷达探测的具体里程位置。

a. 地质雷达主机

b. 900 MHz 屏蔽天线

c. 400 MHz 屏蔽天线

d. 100 MHz 屏蔽天线

图 7-1　地质雷达实物图

7.2.2 实验原理

　　雷达工作时,向地下介质发射一定强度的高频电磁脉冲(几十兆赫兹至上千兆赫兹),电磁脉冲遇到不同电性介质的分界面时会产生反射或散射,地质雷达接收并记录这些信号,再通过进一步的信号处理和解释即可了解地下介质的情况(图7-2)。

图 7-2　地质雷达的工作原理示意图

　　相对于地质雷达所用的高频电磁脉冲而言,通常工程勘探和检测中所遇到的介质都是以位移电流为主的低损耗介质,在这类介质中,反射系数和波速主要取决于介电常数,如式(7-1)和式(7-2)所示:

$$r = \frac{\sqrt{\varepsilon_1} - \sqrt{\varepsilon_2}}{\sqrt{\varepsilon_1} + \sqrt{\varepsilon_2}} \tag{7-1}$$

$$v = \frac{c}{\sqrt{\varepsilon}} \tag{7-2}$$

式中　γ ——反射系数;

　　　v ——电磁波的速度;

ε ——相对介电常数,下角标"1""2"分别表示上、下介质;

c ——光速。

当电磁波由空气进入二衬的混凝土层时,会出现强反射;同样,当电磁波由二衬传播至初衬,继而由初衬传播到岩层时,如果交界处贴合不好,或存在空隙,则会导致雷达剖面相位和幅度发生变化,由此可确定衬砌厚度并发现施工缺陷。

介质介电常数的差异决定了电磁波反射的强弱程度及其相位的正负。岩石岩性、风化程度及其含水率等的变化将影响其介电常数,电磁波反射的频率、振幅、相位也将发生变化,由此可以推断掌子面前方一定范围内的地质情况。

7.3 实验操作与记录

7.3.1 操作步骤

1. 地质雷达探测隧道掌子面前方地质体

(1)实验当中,假定墙面为隧道掌子面,按"一"字形布置雷达测线,测点间距取 20 cm。

(2)将雷达主机和 100 MHz 屏蔽天线连接,然后启动主机,设置参数和数据保存路径,使主机进入采集状态。

(3)按照布置好的测线和测点移动天线,到达测点后进行数据采集,并在完成探测时保存数据。

(4)实验完成后,可通过 U 盘拷贝实验数据,然后关闭雷达主机。

2. 地质雷达探测隧道衬砌结构

(1)实验当中,假定校园道路或操场为隧道衬砌结构,作为探测实验对象,按"一"字形布置雷达测线,每隔 5 m 设一里程标志。

（2）将雷达主机和 400 MHz 或其他屏蔽天线连接,并将天线与测距轮连接,然后启动主机,设置参数和数据保存路径,使主机进入采集状态。

（3）按照布置好的测线移动天线,当天线对齐某一标记时,由仪器操作员向仪器输入信号,在雷达记录中对该点做一小标记。采用距离触发探测方式,并在数据采集完成时保存数据。

（4）实验完成后,可通过 U 盘拷贝实验数据,然后关闭雷达主机。

7.3.2 实验记录

隧道地质雷达探测实验记录见表 7-1。

7.4 实验成果整理

1. 成果整理一般程序

（1）采用雷达主机自带的数据分析软件或 Reflexw 等软件,对采集的实验数据进行分析处理,如编辑、滤波、增益、褶积、道分析、速度分析和消除背景干扰等,求得时间剖面。

（2）在时间剖面中标出探测对象的反射波组、反射体的形态和规模、钻孔验证的位置和深度。

（3）解释确定反射体的位置、形态,推断其充填情况。

（4）提交测线布置图、现场数据记录表、时间剖面、波形剖面以及解释参数和解释结果。

2. 结果解释示例

（1）正常情况（图 7-3）：主要表现为同相轴连续性较好,图像上看不出明显的异常反映,二衬、初衬及围岩之间的分界面较清晰。

图 7-3　正常情况下雷达探测数据处理后的图象

图 7-4　虚假异常情况下雷达探测数据处理后的图象

　　(2)出现虚假异常情况(图 7-4):主要表现为同相轴连续性中断,从上至下雷达波形同步错乱。这种异常一般是由隧道洞壁上的配电箱、消防设备洞、电源电缆或伸缩缝等引起的反映,该类异常不作为判断衬砌层内部质量的依据。

（3）出现脱空异常情况(图7-5)：主要表现为同相轴连续性中断,从上至下雷达波形同步错乱。这种异常一般反映了衬砌层内部出现防水板脱空或混凝土不密实现象。

异常区域

图7-5　脱空异常情况下雷达探测数据处理后的图象

7.5　实验注意事项

（1）实验场地内不应有较强的电磁波干扰,测试时应清除或避开测线附近的金属等电磁干扰物,当不能清除或避开时应在记录中注明,并标出位置。

（2）支撑天线的器材应选用绝缘材料,移动雷达天线的人员应与天线保持相对固定的位置。

（3）雷达天线在测线上经过的表面应相对平整,无障碍,且方便天线移动。

（4）重点异常区应重复观测,重复性较差时应查明原因。

表 7-1　隧道地质雷达探测实验记录表

实验名称			仪器设备名称				
实验日期			仪器设备编号				
序号	探测对象类型	测量值	测线号	测线位置	标记		
					起点	间隔	终点

实验者：　　　　　　　　　　计算者：　　　　　　　　　　校核者：

第8章 超声波测试实验

8.1 概述

超声波测试应用广泛,常用于检测混凝土内部空洞和不密实区的位置和范围、混凝土的裂缝深度、混凝土表面损伤层厚度、不同时间浇筑的混凝土结合面质量以及灌注桩和钢管混凝土中的缺陷。

本实验的目的是了解超声波检测仪的基本构造和功能,掌握超声波检测仪的基本操作方法,熟悉利用超声波检测仪检测混凝土结构强度、裂缝和缺陷的方法。

8.2 实验仪器设备及原理

8.2.1 仪器设备

1. 超声波检测仪(图 8-1)

(1)检测仪主机。目前用于混凝土的超声波检测仪主要分为两类:模拟式和数字式。模拟式检测仪的接收信号为连续模拟量,可由时域波形信号测读声学参数;数字式检测仪将接收信号转化为离散数字量,通常具有采集、储存数字信号、测读声学参数和处理数字信号的智能化功能。

（2）换能器。换能器是一种实现电信号和机械振动信号相互转换的能量转换装置,包括夹心式纵波平面换能器和双发双收跨孔径向换能器,频率为 50 kHz。

图 8-1　超声波检测仪实物图

2. 附属设备

（1）三脚架。用于支撑测距轮,并调节测距轮的高度。

（2）有缺陷的混凝土结构模型(图 8-2)。模型长×宽×高为

a. 结构示意图(单位:mm)

b. 实物图

图 8-2 有缺陷的混凝土结构模型

700 mm×700 mm×1 200 mm,在模型下部距离底面 200 mm 和 400 mm 的位置,分别设置一条长×宽为 300 mm×141 mm、厚度为 5~10 mm 以及倾角为 45°的缺陷(为泡沫材料)。

8.2.2 实验原理

超声波检测仪主要利用脉冲波在相同技术条件下的混凝土中传播的速度、接收波的振幅和频率等声学参数的相对变化来判定混凝土的缺陷。假设混凝土中有一处缺陷,用超声法检测时,由于正常混凝土是连续体,超声波在其中正常传播,当换能器正对着缺陷时,由于混凝土连续性中断,缺陷区与正常混凝土之间出现分界面,超声波传播在分界面上发生反

射、散射和绕射,使声学参数发生变化。具体如下:

(1) 当超声波直接穿过缺陷时,由于缺陷处的速度较正常混凝土低,在同样测距下传播时间要长,而绕过缺陷的传播路径比直线传播的路径长。由于在计算测点声速时,总是以换能器间的直线距离作为传播距离,因此有缺陷处的计算声速就将减小。

(2) 由于缺陷对声波的反射或吸收比正常混凝土大,所以当超声波通过缺陷后,衰减比正常混凝土大,即接收波的振幅将减小(该参数只能在同一仪器设备和测距情况下作相对比较)。

(3) 不同质量的混凝土对超声波中高频分量的吸收、衰减不同。因此,当超声波通过不同质量的混凝土后,接收波的频谱也不同。有内部缺陷的混凝土,其接收波中高频分量相对减少而低频分量相对增大,接收波的主频率值下降(频率值也只能在同一仪器设备和测距情况下作相对比较)。

(4) 当超声波通过混凝土内部缺陷时,由于混凝土的连续性已被破坏,使超声波的传播路径复杂化,直达波、绕射波等各类波相继到达接收换能器。它们各有不同的频率和相位。这些波的叠加有时会造成波形的畸变。波形只是半定性的参数,仅作为判断缺陷的参考。

不同形式的混凝土缺陷可选用不同的检测方法,其中对测法和垂直声波反射法是两种常用的混凝土缺陷检测方法。垂直声波反射法的观测系统及装置布置形式为:一点发射,另一点接收,即"单发单收"观测系统,发射点与接收点间的距离远小于被检测体的厚度或深度,因此又称为零偏移距反射法。

8.3 实验操作与记录

8.3.1 操作步骤

1. 穿透法测试

（1）先向声测管内注满清水,并用钢卷尺测量模型顶部声测管之间的净距离。

（2）连接超声波检测仪与换能器,并启动检测仪主机,检查设备连接是否正常。

（3）将 T,R 换能器分别置于两个声测孔的顶部,以同一高度同步移动,测点间距可取为 20 cm,逐点测读并保存声学参数,同时记录换能器所处的深度,如图 8-3 所示。

（4）实验结束后,拷贝实验数据,然后关闭检测仪主机。

图 8-3　对测操作示意图

2. 垂直反射法测试

（1）先在含缺陷的混凝土模型表面布置测点（图 8-4）。水平向测线和竖直向测线的间距均为 20 cm，测线的交点即为测点。比如，测线 V4 和测线 H3 的交点，记作测点 V4-H3。

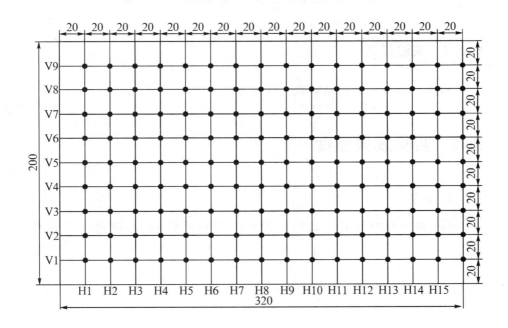

图 8-4　模型内缺陷检测的测点布置示意图(单位：cm)

（2）将超声波检测仪主机与换能器连接，并启动主机，检查确认主机与换能器连接正常后，设置相关参数及数据保存路径。

（3）按测点的顺序依次进行测试，并记录保存实验数据。测试过程中 T，R 换能器水平距离为 5 cm（图 8-5）。

（4）待所有测点均测试结束后，拷贝实验数据，然后关闭主机。

图 8-5　垂直反射法测试中 T，R 换能器布置示意图

8.3.2　实验记录

超声波测试实验记录如表 8-1 所示。

8.4　实验成果整理

1. 计算

（1）声学参数计算。缺陷混凝土模型的声时（t_{ci}）、声速（v_i）计算如下：

$$t_{ci} = t_i - t_{00} \tag{8-1}$$

$$v_i = \frac{l_i}{t_{ci}} \tag{8-2}$$

式中　t_{ci} ——声时初读数（μs），按《超声法检测混凝土缺陷技术规程》

　　　　　　（CECS 21：2000）附录 B 中的方法测量；

　　　　t_i ——测点 i 的测读声时值（μs）；

　　　　t_{00} ——预埋管中测试的声时初读值（μs）；

　　　　v_i ——测点 i 的声速（km/s）；

　　　　l_i ——测点 i 处的两根声测管内边缘之间的距离（mm）。

（2）声学参数的统计值计算。测位混凝土声学参数的平均值（m_x）和标准差（S_x）计算如下：

$$m_x = \sum_{i=1}^{n} \frac{X_i}{n} \tag{8-3}$$

$$S_x = \sqrt{\frac{\sum_{i=1}^{n} X_i^2 - n \cdot m_x^2}{n-1}} \tag{8-4}$$

式中　X_i——第 i 点的声学参数测量值；

　　　n——参与统计的测点数。

将同一实验模型的同一剖面的声速按《超声法检测混凝土缺陷技术规程》（CECS 21：2000）第 6.3.2 条进行异常值判别。当某一测点的一个或多个声参数被判为异常值时，即认为存在缺陷的可疑点。

2. 绘 制 曲 线

结合判断方法（概率法），以声速为纵坐标，深度为横坐标，绘制相应声速-深度曲线（图 8-6）。

图 8-6　声速-深度曲线

8.5　实验注意事项

（1）实验过程中需注意校核换能器所处的高度。

（2）实验当中对数据可疑的部位，应进行复测或加密检测。

表 8-1 超声波测试实验记录表

实验名称		仪器设备名称	
实验日期		仪器设备编号	

一、岩体声波测试简述

二、U-SONIC 超声检测系统基本原理

三、测试方法和过程

四、测试结果与分析

    （1）试件编号：＿＿＿试件类型（　　）　厚度＿＿＿cm，波速＿＿＿/s

         试件编号：＿＿＿试件类型（　　）　厚度＿＿＿cm，波速＿＿＿/s

         试件编号：＿＿＿试件类型（　　）　厚度＿＿＿cm，波速＿＿＿/s

    （2）同种试块受损伤与未受损伤的检测

         试件编号：＿＿＿试件类型（　　）　X 向—厚度＿＿＿cm，波速/s

                                      Y 向—厚度＿＿＿cm，波速/s

    （3）分析：

实验者：　　　　　　　　计算者：　　　　　　　　校核者：

89

第 9 章　类岩石材料不均匀
冻胀实验

9.1　概述

在隧道内冷空气对隧道围岩的冻结过程中,靠近隧道衬砌的围岩温度较低,远离隧道衬砌的围岩温度较高,寒区隧道围岩沿隧道衬砌径向存在一个温度梯度,而沿隧道衬砌环向、轴向的温度梯度可以忽略,因而隧道围岩的冻结模式是沿隧道径向的单向冻结。单向冻结条件下隧道围岩的不均匀冻胀是产生冻胀力的主要原因。

本实验对砂岩或砂浆试件进行不均匀冻胀实验,以加深对岩石不均匀冻胀的理解,并掌握岩石不均匀冻胀系数的计算方法。

9.2　实验仪器设备及原理

9.2.1　仪器设备

1. 不均匀冻胀装置

不均匀冻胀装置(图 9-1)主要是提供梯度温度场,使试件在单向冻结条件下产生不均匀冻胀。不均匀冻胀装置由两台恒温控制液浴槽、上下控温板、金属支架以及有机玻璃板组成。

图 9-1 不均匀冻胀装置

（1）恒温控制液浴槽

为准确控制试件的边界温度，采用 XT5704-LT-D31-R50C 高低温恒温液浴槽（图 9-2a）控制冷端温度，可控制温度范围为 −50～90℃，温

a. XT5704-LT-D31-R50C

b. XT5201-D31-R50HG

图 9-2 恒温控制液浴槽

度波动为±0.05℃;采用 XT5201-D31-R50HG 低温恒温液浴槽(图9-2b)控制暖端温度,可控制温度范围为 −50～90℃,温度波动为±0.05℃。

恒温控制液浴槽内存有汽车发动机防冻液,该防冻液冰点温度为−45℃,可满足实验中冷端控温板最低−20℃的温度要求。

(2)控温板

控温板(图9-3)是将恒温设备输出的恒温液所带的冷热量均匀分布在试件的上下表面,提供稳定的温度边界条件。采用塑胶软管将控温板与恒温冷浴相连,并在控温板内部设置循环管路,使恒温液在通道内循环。

a. 下端控温板   b. 上端控温板

图 9-3 控温板

(3)金属支架

为固定上下控温板,实验系统中设置了 4 根螺纹钢筋作为支架。支架上安装有由角钢拼装而成的托板。实验过程中,下端控温板固定在托板上,上端控温板直接安装在试件上表面。

（4）有机玻璃板

为减少外界环境温度波动对实验结果的影响,维持试件周围环境温度的稳定,试件四周采用 10 mm 厚的有机玻璃板作为隔挡,并在顶部加盖一块有机玻璃,形成一个封闭环境。

2. 应变仪

实验采用 JM3818 静态电阻应变仪(图 9-4),记录应变片及温度传感器测量的数据。该应变仪有 60 通道,可实现对应变及温度的测量。

图 9-4 JM3818 静态电阻应变仪

3. 真空泵

实验采用饱和岩石或类岩石材料试件进行不均匀冻胀实验,在冻结前,采用真空泵(图 9-5)对试件进行饱水处理。

图 9-5　真空泵

9.2.2　实验原理

实验中通过应变片测量试件垂直于温度梯度的线冻胀率及平行于温度梯度的线冻胀率,通过两个方向的线冻胀率计算得出试件的不均匀冻胀系数。

单向冻结条件下试件产生不均匀冻胀(图 9-6)。在不均匀冻胀过程

图 9-6　不均匀冻胀示意图

中,垂直于温度梯度的线冻胀率和平行于温度梯度的线冻胀率存在明显区别。不均匀冻胀系数 k 为

$$k = \frac{\alpha_{\mathbin{/\mkern-5mu/}}}{\alpha_{\perp}} \tag{9-1}$$

式中　$\alpha_{\mathbin{/\mkern-5mu/}}$——平行于温度梯度的线冻胀率；

　　　$\alpha_{\perp}$——垂直于温度梯度的线冻胀率。

9.3　实验操作与记录

9.3.1　操作步骤

（1）将砂岩切割成合适的尺寸（也可用砂浆等类岩石材料代替），将试件放入真空泵内，注入蒸馏水，合上盖板，用真空泵抽取容器内的空气，抽气 4 h 后关闭设备，2 h 之后继续抽气 4 h，循环 2～3 次，直至容器内的蒸馏水无气泡冒出。最后取出试件并擦干。

（3）在试件表面涂抹环氧树脂，防止试件表面的凸起颗粒影响应变测量。在试件表面选择合适的测点位置，用棉花蘸丙酮清洗干净，粘贴应变片，测量试件平行于温度梯度的线冻胀率和垂直于温度梯度的线冻胀率。

（4）本实验采用石英片作为补偿块，在石英补偿块表面粘贴与工作片相同规格的应变片作为补偿片，并将补偿块固定在与应变片相同高度的位置，消除实验中由于温度产生的误差。

（5）在试件表面打孔，插入 PT-100 热敏电阻，测量实验过程中试件内部的温度。试件实物如图 9-7 所示。

图 9-7　试件实物图

（6）用聚乙烯薄膜包裹试件侧壁作为防水处理，再用 15 mm 厚的聚氨酯保温棉包裹试件侧壁，保证由两控温板提供的冷量不散失，同时防止空气中的水分在试件表面冷凝结冰而影响实验结果。

（7）将试件安装在不均匀冻胀实验装置控温板底板上，使试件底面与控温板紧密贴合，在试件顶面加盖上端控温板并使二者紧密贴合，试件安装如图 9-8 所示。将应变片以及 PT-100 温度传感器的导线连接至 JM3818 静态电阻应变仪，确认连通后，利用电阻应变仪自带的调平衡功能将应变片的初始读数归零，设置电阻应变仪的数据采集模式为离线自

图 9-8　试件安装示意图

动采集。设置两液浴循环槽的恒定温度,打开液浴循环槽开关,对试件进行单向冻结。

9.3.2 实验记录

类岩石材料不均匀冻胀实验记录见表 9-1。

表 9-1 不均匀冻胀实验数据处理成果表

实验名称		仪器设备名称	
实验日期		仪器设备编号	
冻胀变形曲线及温度变化曲线			

上板温度/℃	下板温度/℃	温度梯度/(℃·cm^{-1})	$\alpha_{//}$/με	$\alpha_{\perp}$/με	k

实验者:　　　　　　　　计算者:　　　　　　　　校核者:

9.4　实验成果整理

可按以下步骤进行实验成果整理：

（1）根据静态电阻应变仪采集的数据可以得到裂隙岩体试件冻胀变形曲线及温度变化曲线。

（2）从裂隙岩体试件冻胀变形曲线中可以得到稳定阶段岩石平行于温度梯度的线冻胀率 $\alpha_{/\!/}$ 和垂直于温度梯度的线冻胀率 $\alpha_{\perp}$。将 $\alpha_{/\!/}$ 和 $\alpha_{\perp}$ 代入式(9-1)可得到岩石的不均匀冻胀系数 k。

将试件冻胀变形曲线及温度变化曲线绘入表 9-1，并按表格中的要求计算不均匀冻胀系数。

9.5　裂隙岩体不均匀冻胀实例

9.5.1　试件制作

实验采用砂岩进行岩石不均匀冻胀实验，砂岩的基本物理力学性质参数如表 9-2 所示。将砂岩切割成 100 mm×100 mm×100 mm 的立方体，将试件放入真空泵内，进行饱水处理。

在砂岩试件表面涂抹环氧树脂，在试件表面中心位置，用棉花蘸丙酮清洗干净，粘贴相互垂直的两片应变片。用石英作为补偿块，固定在与应变片相同高度处。在试件表面打孔，插入 PT-100 热敏电阻。

用聚乙烯薄膜包裹砂岩试件侧壁,用15 mm厚的聚氨酯保温棉将砂岩试件侧壁再次包裹。

表9-2　砂岩基本物理力学性质参数

孔隙率 /%	干密度 /(g·cm^{-3})	饱和密度 /(g·cm^{-3})	弹性模量 /GPa	抗压强度 /MPa
18.4	2.08	2.27	2.30	8.52

9.5.2　试件安装

将试件安装在不均匀冻胀实验装置控温板底板上,在试件顶面加盖控温板顶板。将应变片以及PT-100温度传感器的导线连接至JM3818静态电阻应变仪。设置两液浴循环槽的恒定温度,实验过程中,上端控温板的温度分别为-5℃,-10℃,-15℃,-20℃,下端控温板的温度恒定在+2℃,对试件进行单向冻结。

9.5.3　实验数据处理

实验中,上控温板与下控温板之间的距离(即试件高度)为100 mm,温度梯度为上、下板温度差除以两板之间的距离,因此,四种温度工况下的温度梯度分别为0.7℃/cm,1.2℃/cm,1.7℃/cm,2.2℃/cm,根据试件冻胀变形曲线得到试件在两个方向上的线冻胀率$\alpha_{/\!/}$和$\alpha_{\perp}$,根据式(9-1)计算得出不均匀冻胀系数k,并将结果填入表9-3—表9-6。

表 9-3　不均匀冻胀实验数据处理成果表

（上控温板为－5℃）

日期：　　　　　　天气：　　　　　　测量者：

冻胀变形曲线及温度变化曲线

上板温度/℃	下板温度/℃	温度梯度/(℃·cm⁻¹)	$\alpha_{\parallel}$ / $\mu\varepsilon$	$\alpha_{\perp}$ / $\mu\varepsilon$	k
－5	＋2	0.7	1 610	733	2.20

表 9-4　不均匀冻胀实验数据处理成果表

（上控温板为－10℃）

日期：　　　　　　　　　天气：　　　　　　　　　测量者：

上板温度/℃	下板温度/℃	温度梯度/(℃·cm⁻¹)	$\alpha_{/\!/}/\mu\varepsilon$	$\alpha_{\perp}/\mu\varepsilon$	k
－10	＋2	1.2	2 160	970	2.23

101

表 9-5　不均匀冻胀实验数据处理成果表

（上控温板为－15℃）

日期：　　　　　　　　　　天气：　　　　　　　　　　测量者：

上板温度/℃	下板温度/℃	温度梯度/(℃·cm^{-1})	$\alpha_{//}$ / $\mu\varepsilon$	$\alpha_{\perp}$ / $\mu\varepsilon$	k
－15	＋2	1.7	2 376	952	2.50

表 9-6　不均匀冻胀实验数据处理成果表

（上控温板为−20℃）

日期：　　　　　　　　天气：　　　　　　　　测量者：

冻胀变形曲线及温度变化曲线

上板温度/℃	下板温度/℃	温度梯度/(℃·cm^{-1})	$\alpha_{/\!/}$/$\mu\varepsilon$	$\alpha_{\perp}$/$\mu\varepsilon$	k
−20	+2	2.2	2 644	975	2.71

参 考 文 献

［1］夏才初,潘国荣.岩土与地下工程监测［M］.北京：中国建筑工业出版社,2017.

［2］夏才初,李永盛.地下工程测试理论与监测技术［M］.上海：同济大学出版社,1999.

［3］宰金珉,王旭东,徐洪钟.岩土工程测试与监测技术［M］.2版.北京：中国建筑工业出版社,2016.

［4］张晓娜,胡孟谦.传感器与检测技术［M］.北京：化学工业出版社,2014.

［5］吴乾坤,李大鹏,王忠彪.某深大基坑工程深层水平位移变形规律分析［J］.北京测绘,2019,33(6)：704-707.

［6］袁文忠.相似理论与静力学模型试验［M］.成都：西南交通大学出版社,1998.

［7］左启东.模型试验的理论与方法［M］.北京：水利水电出版社,1984.

［8］王志伟,秦国鹏,杨振平,等.大型深基坑分区拆换撑施工技术［J］.中国港湾建设,2019,39(7)：28-32.

［9］吴加武.真空预压处理珠三角大面积软土的监测及效果分析［J］.中国水运,2018(6)：46-47.

［10］夏才初,那通兴,张平阳,等.智能隧道激光收敛仪监测隧道拱顶下沉的原理及其应用［J］.现代隧道技术,2018,55(2)：20-27.

［11］夏才初,那通兴,张平阳,等.智能隧道激光收敛仪的研制和应用［J］.同济

大学学报(自然科学版),2017,45(4):504-510.

[12] 夏才初,那通兴,彭国才,等.公路隧道施工变形监测精度要求探讨[J].隧道建设,2016,36(5):508-512.

[13] 杨峰,彭苏平.地质雷达探测原理与方法研究[M].北京:科学出版社,2010.

[14] 中华人民共和国交通部公路科学研究院.公路工程质量检验评定标准(第一册 土建工程):JTG F80/1—2017[S].北京:人民交通出版社,2018.

[15] 中华人民共和国住房与城乡建设部.建筑桩基技术规范:JGJ 94—2008[S].北京:中国建筑工业出版社,2008.

[16] 中国建筑标准设计研究院.超声法检测混凝土缺陷技术规程:CECS 21:2000[S].北京:中国城市出版社,2009.

[17] 郑晖,林树青.超声检测[M].2版.北京:中国劳动社会保障出版社,2008.

[18] 陈凡,徐天平,陈久照,等.基桩质量检测技术[M].2版.北京:中国建筑工业出版社,2014.

[19] 夏才初,张国柱,孙猛.能源地下结构的理论与应用——地下结构内埋管的地源热泵系统[M].上海:同济大学出版社,2015.

[20] 夏才初,李强,吕志涛,等.各向均匀与单向冻结条件下饱和岩石冻胀变形特性对比试验研究[J].岩石力学与工程学报,2018,37(2):274-281.